神奇的
太阳系

Recipe for a Solar System

[英]拉曼·普林贾 (Raman Prinja) 著

[德]克里斯汀娜·吉斯特 (Kristina Kister) 绘

孙甜 译

天津出版传媒集团

天津科学技术出版社

著作权合同登记：图字 02—2023—159 号

图书在版编目（CIP）数据

神奇的太阳系 /（英）拉曼·普林贾著；（德）克里
斯汀娜·吉斯特绘；孙甜译. -- 天津：天津科学技术
出版社，2023.9

书名原文：Recipe for a Solar System

ISBN 978-7-5742-1549-8

Ⅰ.①神… Ⅱ.①拉… ②克… ③孙… Ⅲ.①太阳系
－少儿读物 Ⅳ.①P18-49

中国国家版本馆 CIP 数据核字 (2023) 第 158266 号

神奇的太阳系

SHENQI DE TAIYANGXI

责任编辑： 马妍吉

出　版：天津出版传媒集团
　　　　　天津科学技术出版社

地　址： 天津市西康路35号

邮政编码： 300051

电　话： (022) 23332695

网　址： www.tjkjcbs.com.cn

发　行： 新华书店经销

印　刷： 河北鹏润印刷有限公司

开本1000×1230　1/16　印张 3　字数 20 000

2023 年 9 月第 1 版第 1 次印刷

定价：79.00 元

目录

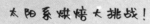

太阳系烘焙大挑战！

引言

我们的太阳系是一个十分巧妙的平衡系统，堪称宇宙的奇迹。

太阳系由一颗炽热的恒星——太阳，以及许多围绕着太阳公转的较小天体组成。太阳系就像一个漂亮的、闪闪发光的饼干盒，里面装满了大大小小、形态万千的围绕着不同中心自转的美味宇宙小食！

想要利用太阳系里的各种原料做出美食，我们需要参考一些教程，就像我们在烘焙美味的蛋糕时需要食谱一样。

按照本书的指导，我们将一步一步地"烹饪"出太阳系。

这是一份太阳系烹饪指南！

缤纷的美食

除了太阳以外，太阳系中的主要天体还包括：

+ 行星
+ 卫星
+ 小型岩质行星
+ 冰彗星和少量矮行星

现有的科学研究数据表明，太阳是太阳系中最大的天体，它能装下100万个地球！巨大的太阳以强大的引力维持着太阳系的运转，使得太阳系中的一切——从最大的行星到最小的岩石，都围绕着太阳旋转。

从混沌的星云中诞生

大约46亿年前，在一团巨大的气体和尘埃云中，太阳系开始慢慢孕育许多天体。本书中的"烹饪指南"将向你展示这一切是如何发生的。

我们将跟随时间的脚步一一探索太阳系的奥秘。起初，恒星爆炸释放出气体和尘埃，然后经过一系列关键步骤，最终形成了我们今天看见的行星和卫星。

我们将按照以下时间顺序进行介绍。
*请翻到下一页，开始阅读烹饪指南，以便更清晰地认识太阳系的神奇之处！

46亿年前：

星云是由气体和尘埃构成的天体，它在自身引力的作用下开始坍缩（即因收缩而挤压在一起）。大部分物质向星云中心聚集，形成太阳。

45.9亿年前：

这时，星云被挤压成一个扁平的"圆盘"。巨行星，包括木星、土星、天王星和海王星围绕着初生的太阳逐渐形成。

45.5亿年前：

太阳开始发生核聚变反应，并开始发光。

45亿年前：

岩质行星，包括水星、金星、地球和火星形成了。一颗火星大小的行星撞击地球后，月球形成了。

45亿至41亿年前：

一股强劲的太阳风将太阳系中的大量物质一扫而空。

41亿至38亿年前：

小型岩质天体撞击内行星，并将水"输送"到了地球上。

40亿至30亿年前：

内行星上出现了大量火山喷发的现象。

38亿至35亿年前：

地球上开始出现生命。

30亿年前：

火星失去大部分的大气和水。

1亿年前：

土星光环形成，月球上的火山活动结束。

如今：

太阳系稳定下来，变得平和许多。

原料

和烹饪菜肴一样，我们首先要准备好烹饪必备的原料。

要想太阳系中的行星和卫星成为"第一道美食"，我们首先要准备大量的碎石作为原料。也就是说，我们需要收集组成岩石的化学元素，比如：

▼ 请按以下步骤操作 ▼

第1步：砰！在爆炸声中生成氢元素和氦元素！

大约138亿年前，宇宙在一次大爆炸中诞生了。不久之后，大量的氢元素和氦元素出现了。

第2步：计时——等待大质量恒星出锅

大爆炸发生后，宇宙迅速冷却了下来，组成岩石的元素还没来得及合成。这些元素较重，只能在大质量恒星内部进行"烹饪"，但是形成一个大质量恒星需要耗费几亿年！

烹饪太阳系是一件考验耐心的事情

第3步：将恒星加热至内部滚烫

然后，在这些大质量恒星内部，开始发生神奇的能量制造活动，这一活动叫作"聚变反应"。聚变反应生成了我们制造碎石所需的元素。

第4步：发酵一会儿

恒星内部已经生成了化学元素，接下来我们要让它们"发酵"一会儿——需要等待几百万年到10亿年。

宇宙焰火倒计时！

第5步：当心，恒星会爆炸！

一旦所有聚变反应结束，恒星的能量耗尽后就会变得十分不稳定。质量最大的恒星将以超新星的形式发生爆炸，带来一场盛大的宇宙焰火。

1

宇宙大爆炸 →

2

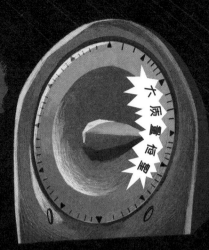

大质量恒星

3

恒星内部发生聚变反应

这些初代恒星是太阳的祖先！

4

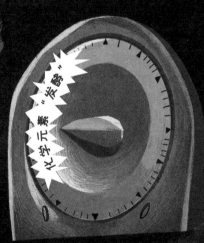

化学元素"发酵"

5

超新星爆发

第6步: 将关键原料铺开

超新星爆发产生的能量十分巨大, 足以将恒星摧毁。在爆炸过程中, 恒星内部所有制造行星的元素都被抛向遥远的太空。

第7步: 回收星尘

在许多恒星完成了自己从出生到死亡的生命周期后, 我们制作太阳系所需要的原料凑齐了。

恒星的死亡产生了化学元素, 这些化学元素通过不同的方式彼此结合, 产生各种各样的气体、矿物质和微小的尘埃 (粗细程度大约只有我们一根头发丝的百分之一!)。

太空就像一个巨大的宇宙回收加工工厂, 可以利用死亡的恒星残骸及其遗留的核聚变废料制作新的恒星、行星和卫星。

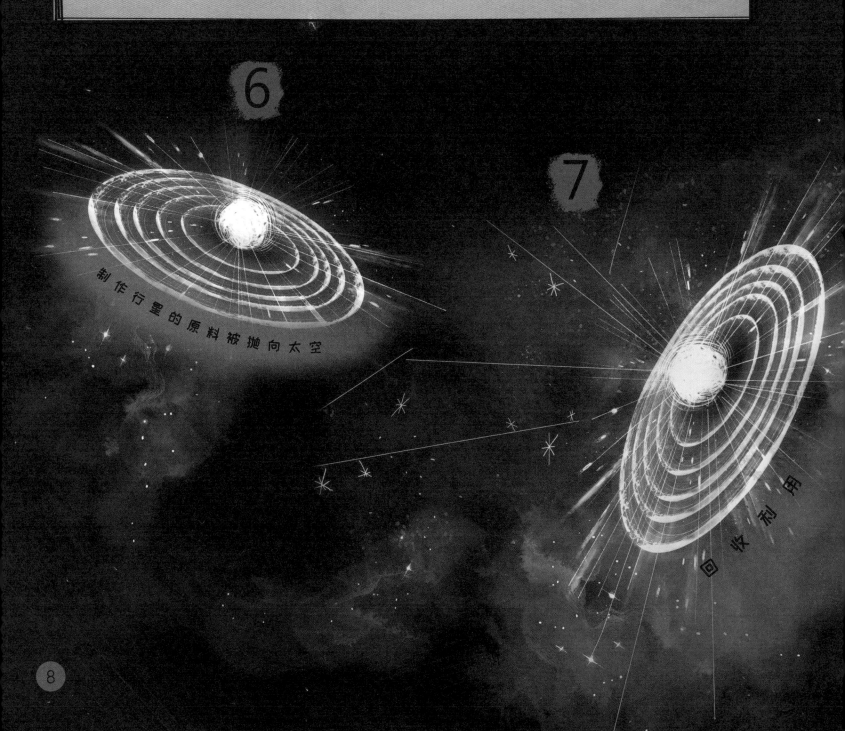

制作行星的原料被抛向太空

回收利用

第8步：在接下来的几十亿年中，在太空中重复上述第4步至第7步！

大约需要几十亿年的时间，经过多次超新星爆发，宇宙中才能有足够多的物质，聚集形成一团叫作"星云"的庞大的气体和尘埃云。

大约50亿年前，一团富含化学元素的星云出现了……

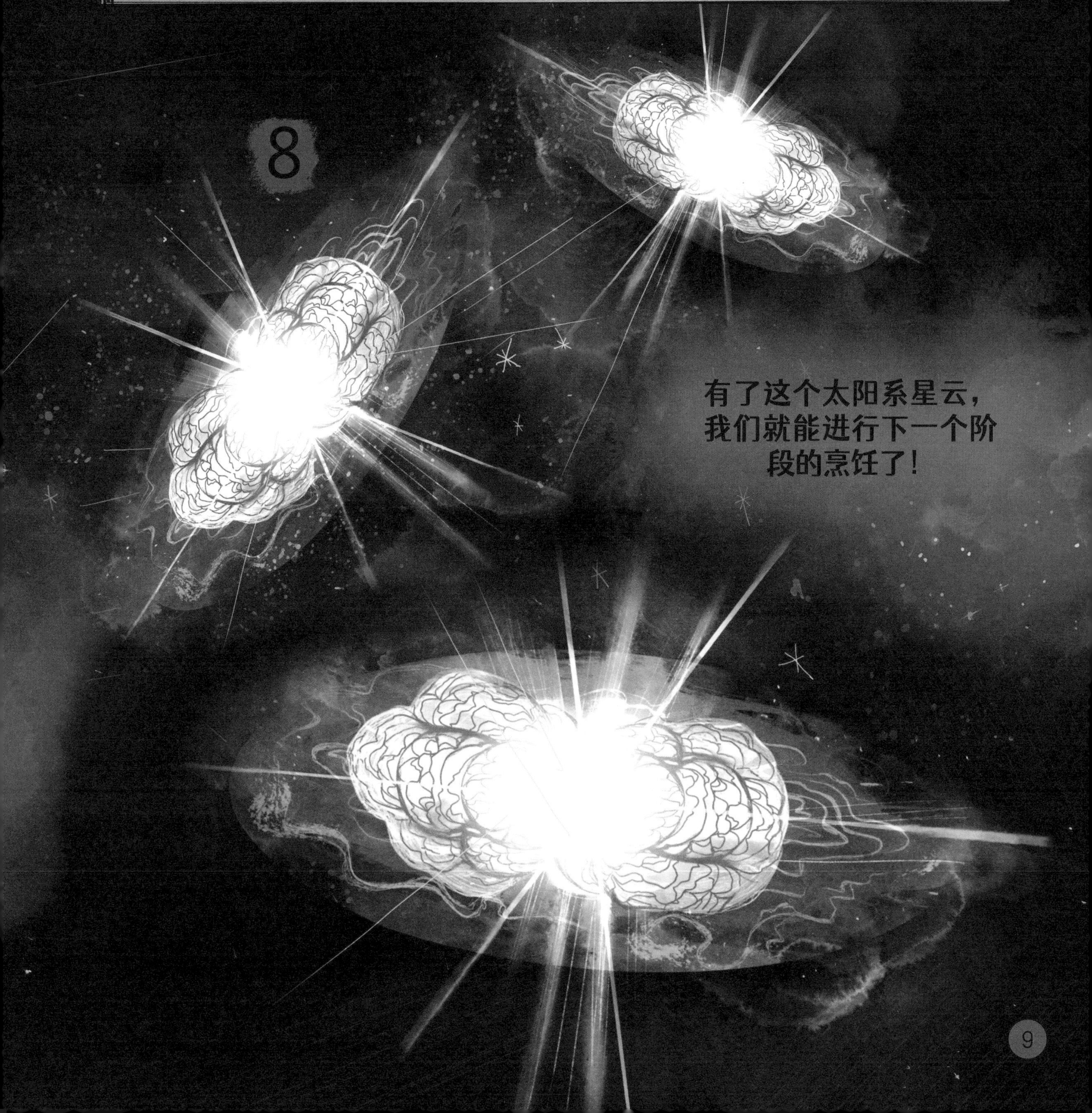

8

有了这个太阳系星云，我们就能进行下一个阶段的烹饪了！

太阳系星云烹饪锅

在一团聚集了大量气体和尘埃的星云中，太阳和行星即将诞生。现在我们需要像揉面团一样挤压这团球状星云，使其形状规整，以便"烹饪"太阳系。

▼▼▼ 请按以下步骤操作 ▼▼▼

第1步：把星云压实

这团星云的直径约为500万亿千米，内部的气体和尘埃分布得过于松散，因此无法形成行星等天体。

为了让物质聚集，我们需要来自附近的超新星爆发时产生的**爆炸波**帮助我们完成挤压的过程。

大规模的爆炸会使星云发生坍缩。

第2步：旋转

爆炸同时还能够使星云旋转起来。

第3步：用力挤压

接着，在引力的帮助下，我们继续挤压星云，使气体和尘埃进一步聚拢。

第4步：开始摊煎饼

如果太空中的气体云在旋转的同时发生坍缩，就会变成一个扁平的圆盘或煎饼的形状。

这个扁平的气体结构叫作**"原行星盘"**，其直径约为1万亿千米。

第5步：计时——煎饼出锅

星云从一大团球状到扁平的煎饼状，整个过程从头到尾大约需要1000万年！

第6步：向中心聚拢

在接下来的1000年里，原行星盘中的物质在引力的作用下向中心聚拢，中心的体积慢慢变大，物质数量也渐渐增加。

这时，我们就有了大量的物质来制作恒星——太阳。

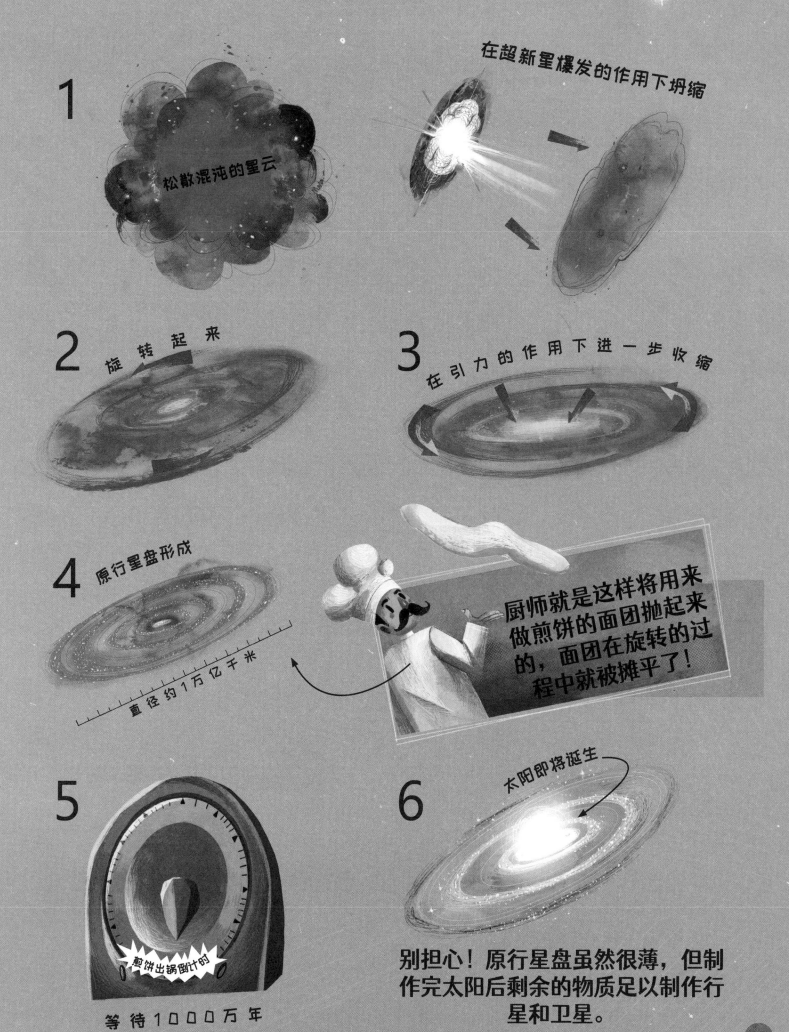

1 松散混沌的星云

在超新星爆发的作用下坍缩

2 旋转起来

3 在引力的作用下进一步收缩

4 原行星盘形成

直径约1万亿千米

厨师就是这样将用来做煎饼的面团抛起来的，面团在旋转的过程中就被摊平了！

5 煎饼出锅倒计时

等待1000万年

6 太阳即将诞生

别担心！原行星盘虽然很薄，但制作完太阳后剩余的物质足以制作行星和卫星。

少许微行星

我们在烤蛋糕前，首先要对许多微小的颗粒原料进行加工处理，比如面粉、糖和盐。烹饪太阳系的过程也一样，我们首先要把微小的物质聚集在一起，然后让它们组合成更大的天体。

▼▼▼ 请按以下步骤操作 ▼▼▼

合适的化学元素、大量的气体和尘埃颗粒在太空中飘移，渐渐汇聚到太阳系星云中，我们需要把这些微小的物质聚集起来。

第1步：多搅拌一会儿，让尘埃结块

我们先来处理微小的尘埃颗粒。当这些尘埃颗粒漂浮在太阳系星云周围，它们相互之间就会轻轻地碰撞，并黏结成更大的团块。

第2步：继续搅拌，让团块变得越来越大

这些团块相互结合，形成更大的岩石，这些新形成的岩石叫作"微行星"。

它们是太阳系中的行星和卫星的重要组成部分。

第3步：糅合原行星

经过数百万年，岩质天体变得越来越大，它们的引力也越来越强。

在巨大的引力牵引下，微行星慢慢地糅合在一起，直径能达到好几千米。

一旦这些岩质天体的体积达到月球的大小，它们就变成了"原行星"。

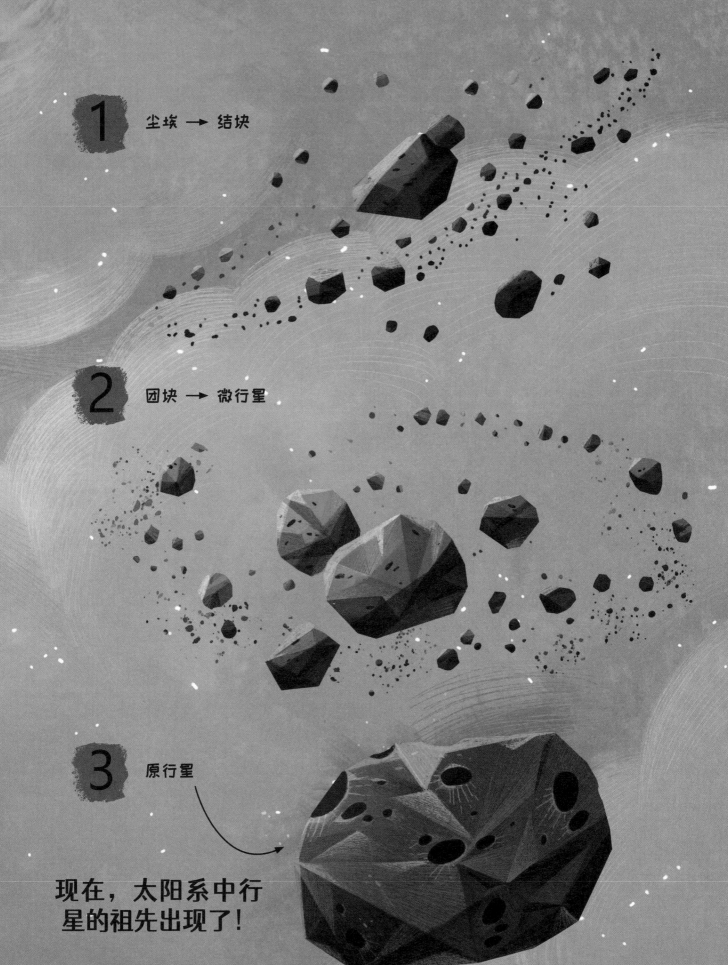

1 尘埃 → 结块

2 团块 → 微行星

3 原行星

现在，太阳系中行星的祖先出现了！

内太阳系的起源

在烹饪的这一阶段中，把控早期太阳系的温度非常重要！随着初生的太阳的温度不断升高，内太阳系的温度比外太阳系的温度高得多。

1 加热至1700℃

▼▼▼ 请按以下步骤操作 ▼▼▼

第1步：将太阳系中心加热至1700°C

内太阳系的温度非常高，只有熔点很高的物质才能保持固体状态。

因此，随着原行星的生长，一部分物质会在超高温环境下熔化，只有铁、硅、镁和钙等物质才能继续以固体状态存在。

第2步：收集制作岩质行星（比如我们的地球）的原料

在超高温的环境下，那些没有熔化的物质就是构成内太阳系的原料。

这些原料可以用来制作小型岩质行星和小行星。

2 耐高温的原料

铁   硅   镁   钙

制作地球、金星、火星和水星

我们需要把制作4颗岩质行星的原料紧密地黏合在一起，让它们变得整洁又牢固。

在烹饪的这一阶段，我们来制作距离太阳最近的4颗行星。

▼ ▼ ▼ **请按以下步骤操作** ▼ ▼ ▼

第1步：仔细测量，调整大小

❋ 地球是太阳系内最大的内行星，直径为12 742千米。

❋ 金星的体积比地球稍微小一点儿，直径为12 104千米。

❋ 火星的直径为6779千米，只有地球直径的一半多。

❋ 水星是距离太阳最近的行星，也是太阳系内最小的内行星，直径只有4880千米。

第2步：让它们以特定的速度旋转起来

行星如同旋转的陀螺一样，绕着自己的质心轴自转。行星自转速度的快慢，取决于它的组成物质的旋转速度。

❋ 地球绕地轴自转1周用时不到24小时，我们称这段时间为1个地球日。

❋ 按照地球上的天数来计算，金星自转1周用时243个地球日。

❋ 火星自转1周用时24.62小时。

❋ 水星自转1周用时58.6天。

第3步：正确设置公转轨道

太阳的引力将这些内行星牢牢地"抓"住，使它们环绕着太阳公转。行星离太阳越近，公转速度就越快，这样才能在引力更强的情况下保持平衡，而不会越转距离太阳越近，最终撞向太阳。

此外，行星离太阳越近，公转轨道就越短。一颗行星沿着轨道转完1圈，即绕太阳公转1周所需的时间就是该行星1年的时长。

❋ 地球上的1年是365天多一点儿。

❋ 金星上的1年是225个地球日。

❋ 火星上的1年是内行星中最长的，有687个地球日。

❋ 水星上的1年只有88个地球日。

外太阳系的起源

外太阳系距离初生的太阳更远，温度也低得多。

因此在外太阳系，烘焙行星的温度完全不同于内太阳系！

▼▼▼ 请按以下步骤操作 ▼▼▼

第1步： 将外太阳系冷却至-100℃，然后再加点冰！

在距离太阳约7亿千米处，温度非常低，在-100℃以下。这里形成了多种类型的冰。

除了水形成的冰之外，这里还有二氧化碳和甲烷形成的"气冰"。

正因为外太阳系存在许多这样的气冰，所以行星会逐渐变成巨大的气态星球。

黏合4颗巨行星

第2步：黏合

在寒冷的外太阳系中，这些冰就像胶水一样把岩质物质黏合了起来，形成巨大的天体。

质量约为地球10倍的固体物质聚集在一起，形成了4颗巨行星的固体内核。

第3步：添加多层遗留气体

这些巨大的内核能产生强大的引力，吸引大量宇宙早期遗留的气体——氢气和氦气，形成了木星、土星、天王星和海王星这4颗气态巨行星厚厚的大气层。

第4步：为每颗行星测量质量

❄ 木星吸引了大量物质，质量是地球的318倍。

❄ 土星的质量是地球的95倍。

❄ 天王星的质量是地球的14.5倍。

❄ 海王星的质量是地球的17倍。

第5步：让每颗行星正常地自转

气态巨行星的自转速度都很快，按照地球时间来计算：

❄ 木星自转1周用时仅9小时51分钟。

❄ 土星自转1周用时10小时42分钟。

❄ 海王星自转1周用时16小时6分钟。

❄ 天王星的自转速度最慢，自转1周用时17小时14分钟。

第6步：最后设置好公转轨道

这些遥远的巨行星围绕太阳公转的轨道非常长，按照地球时间来计算：

❄ 木星绕太阳公转1周用时12年。

❄ 土星绕太阳公转1周用时29年。

❄ 天王星绕太阳公转1周用时84年。

❄ 海王星绕太阳公转1周用时164.8年。

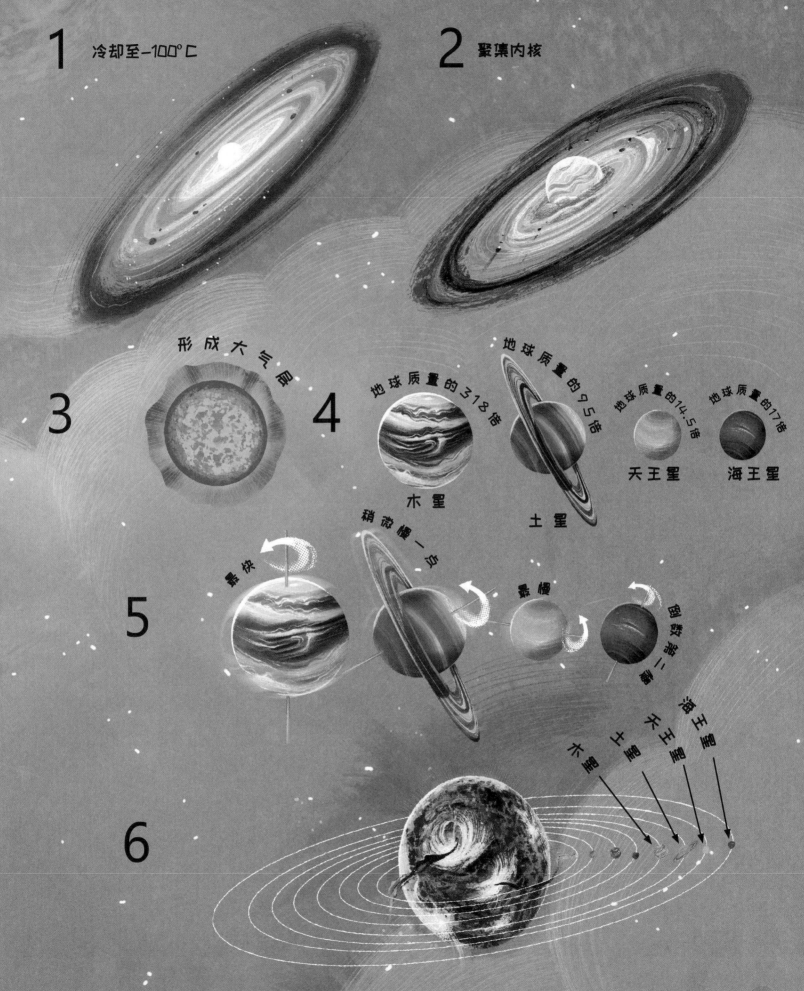

1 冷却至-100℃

2 聚集内核

3 形成大气层

4 地球质量的318倍 木星　地球质量的95倍 土星　地球质量的14.5倍 天王星　地球质量的17倍 海王星

5 最快　稍微慢一点　最慢　倒数第二慢

6 木星　土星　天王星　海王星

19

太阳风大扫除

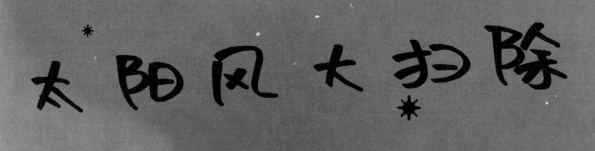

位于太阳系中心的太阳温度持续升高，让我们查看一下它的情况。太阳变得越来越大，能量越来越强，这会对烹饪太阳系的下一阶段任务产生重大影响。

1

▼ ▼ ▼ 请按以下步骤操作 ▼ ▼ ▼

第1步：吹出一股风，给太阳系做个"大扫除"

当恒星内核发生核聚变反应时，会释放出巨大的能量，喷射出强劲的太阳风。

太阳风其实是太阳喷射出的一股由质子和电子等粒子组成的粒子流。太阳风拥有横扫整个太阳系的力量，能够将星云中的大部分气体和尘埃吹散到太空深处。

第2步：行星制作完毕

随着强劲的太阳风将太阳系中大部分的剩余物质清扫一空，我们的太阳系烹饪指南中关于行星制作的部分到此就结束了。

第3步：风继续吹，绘出漫天绚丽色彩

几十亿年后的今天，太阳仍在喷射太阳风，只是"风力"比以前弱得多。太阳风将带电粒子和磁性气体云"吹"到远离太阳的各个目的地。有时，太阳风会以每小时100万千米的速度袭向地球。

这些粒子与地球大气层中的原子发生碰撞，以光的形式释放能量。有时，我们会看见这种在天空中闪烁的绚丽光芒，这种现象被我们称为"**北极光**"和"**南极光**"。

极光

剩余的原料

我们在烹饪时，往往会留下一些食材，另外给自己做些零食。同样，太阳和行星形成后，虽然经常被太阳风清理，但太阳系中仍然会剩下一些尘埃和岩石。

这些剩余物就是我们今天熟知的数百万颗小行星和冰彗星，它们仍然聚集在太阳系中，四处流浪。

1 小行星带

剩余物处理

▼ ▼ ▼ 　　　剩余物处理　　　 ▼ ▼ ▼

第1步：将大部分"剩余的小行星"放置于木星和火星之间

这个区域被称为"小行星带"。

这些小行星大小不等，体积小的直径不到1千米，体积大的直径足足有好几百千米。

第2步：接下来，抛撒一些剩余物，但要注意它们落到了哪里

有时，小行星间会发生"冲突"，相互碰撞，某些小行星直接被撞出小行星带，冲向太阳。

有些小行星由于离地球太近而被地球引力捕获。那么这些剩余物就有了新名字！

它们有可能作为**"流星"**进入地球的大气层。因此，我们可以看到流星划过夜空时发出的光芒。

那些在穿过大气层时经历灼热却仍能幸存下来，并撞击地面的小行星叫作**"陨石"**。

冷冻一下，风味更佳！

第3步：

围绕外太阳系的巨大球形云团叫作"奥尔特云"。把一些剩余原料放在这里，再加冰混合，就可以做成脏雪球状的**"彗星"**。

第4步：把一些冷冻过的剩余原料放到轨道上，准备开展一场华丽的演出

一颗彗星从奥尔特云中被撞飞出来，并绕着太阳运行。在这个过程中，彗星的温度升高，喷出尘埃和气体，在背对着太阳的方向形成一条数百万千米长的"尾巴"。

我们站在地球上仰望夜空，也许能看见这一幕令人震撼的景象。

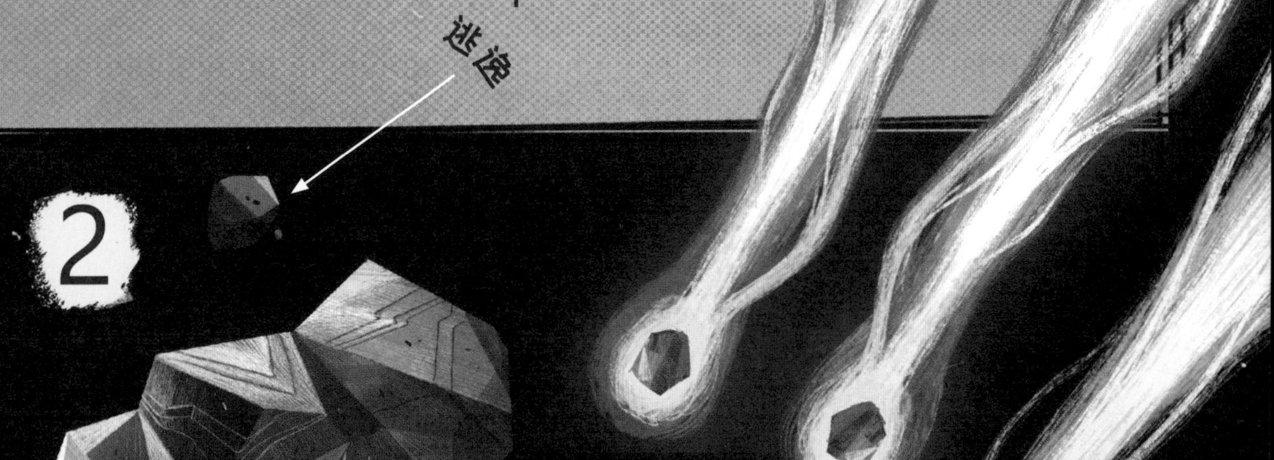

逃逸

2

点缀少许矮行星

太阳系星云中的原料除了可以制作八大行星、几十亿颗小行星、彗星及各种卫星外，还可以制作其他一些较大的天体，如矮行星。

科学家们认为矮行星不是完整的行星，因为它们体型较小，没有足够强的引力来清除自己绕太阳公转的轨道上的其他岩石和碎片。

▼▼▼ 请按以下步骤操作 ▼▼▼

步骤：制作第一批5颗矮行星

据我们所知，太阳系中至少散布着5颗矮行星。

❋ 离地球最近的矮行星是谷神星，它位于火星和木星之间的小行星带上。

❋ 在太阳系中，冥王星是最著名的也是体积最大的矮行星，直径约为2377千米。

❋ 妊神星的外形很奇特，它看起来像一颗蛋。它的自转速度很快，在这颗矮行星上，1天的时长相当于地球上的4个小时。

❋ 在太阳系中，阋神星是距离太阳最远的矮行星。它位于海王星轨道之外，绕太阳公转1周需要558年。

❋ 鸟神星比冥王星小一点，它还有一颗属于自己的小卫星！

经过几十亿年的发展，太阳系的环境逐渐稳定下来，矮行星的变化比主要行星的变化小得多。今天，在它们冰冻的表面下，还保持着早期在太阳系中的状态。

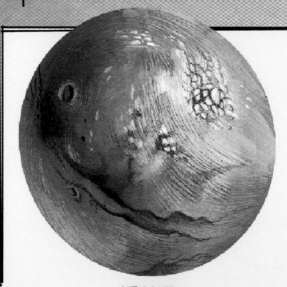

阋神星

特写 镜头

阋神星上有大量的甲烷冰！

冥王星有一片心形的海！

妊神星有一圈光环！

鸟神星的表面是淡红色的！

谷神星的外观和月球很相似！

鸟神星

冥王星

妊神星

谷神星

25

行星的分层结构

就像蛋糕有不同层次的味道和口感，在烹饪的这一阶段，我们要来制作4颗岩质行星的内部分层结构！

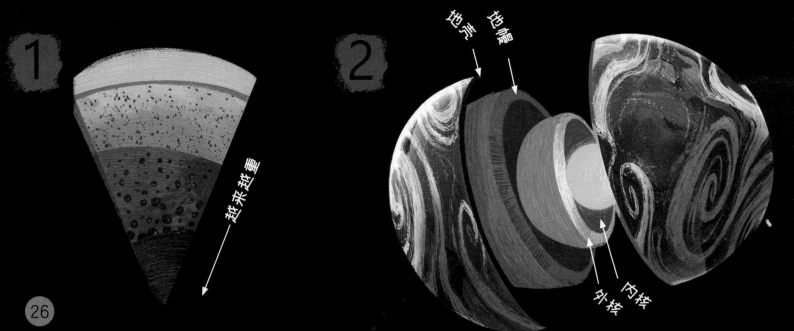

越来越重

地壳
地幔
外核
内核

▼▼▼ 制作行星的分层结构 ▼▼▼

我们在前文了解到，在行星形成之初，内太阳系的温度非常高，导致行星的大部分岩石和金属都熔化成了液体。这就是分层过程的开端。

第1步：按元素的轻重分层

纯金属等较重的物质慢慢下沉到行星的中心或核心，铝和硅等较轻的物质则浮到行星上层并冷却。就这样，行星内部的层状结构开始缓慢地形成。

第2步：制作地球精巧复杂的4层结构

地球的最顶层就是我们生活的地方，叫作"地壳"，它的厚度为8千米到50千米不等。

地壳下面一层是由岩石和矿物质组成的"地幔"，厚度为3000千米。由于地球内部的温度很高，地幔层物质呈熔融状，像浓稠的糖浆一样四处流淌。

地幔下面是由铁和镍组成的"地核"，地核又分为"外核"和"内核"两部分。外核是液态的；内核的温度高达6000℃，被挤压成了一个紧实的固态金属球。

第3步：制作其余行星的分层结构

人们认为金星的分层结构与地球的相似，因此制作金星的分层结构只需重复第2步。

尽管水星是太阳系八大行星中最小的岩质行星，但它的核占比却是最大的，占其内部结构的85%。在制作水星时，核的体积一定要测量得十分准确！

火星除了拥有火星幔和表层的火星壳，还有一个基本上呈固体状态的核。

水星

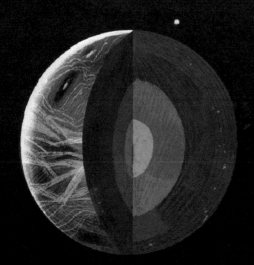

金星

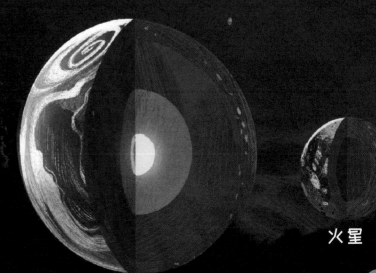

地球

火星

3

制作4颗巨行星

外太阳系的4颗气态巨行星内部也有分层结构，但它们没有可供人站立的坚硬表面。要制作这些行星，我们必须仔细测量它们内部的温度，并给它们施加巨大的压力。

▼ ▼ ▼ 请按以下步骤操作 ▼ ▼ ▼

第1步：先制作两颗较大的巨行星

✳ 木星和土星都有大大的内核，它们的内核由岩石和金属组成，温度可达15 000℃。

✳ 内核外面包裹着金属氢层和液氢层。

✳ 在氢层外面，我们再添加一个主要由氢气和氦气组成的"大气层"。大气层顶部是由水冰和氨冰组成的云层。

第2步：再制作两颗较小的巨行星

✳ 在4颗气态巨行星中，天王星和海王星的体积较小，与木星和土星相比，它们与太阳的距离更远。

✳ 天王星和海王星也有由岩石和金属构成的内核，内核外面包裹着一层由水、氨和甲烷混合而成的过热液体①。

✳ 天王星和海王星的最外层是由氢气、氦气和甲烷气体组成的大气层。其中，甲烷使这两颗行星呈现出美丽的蓝色。

① 过热液体：温度已超过沸点而没有沸腾的液体。——编者注

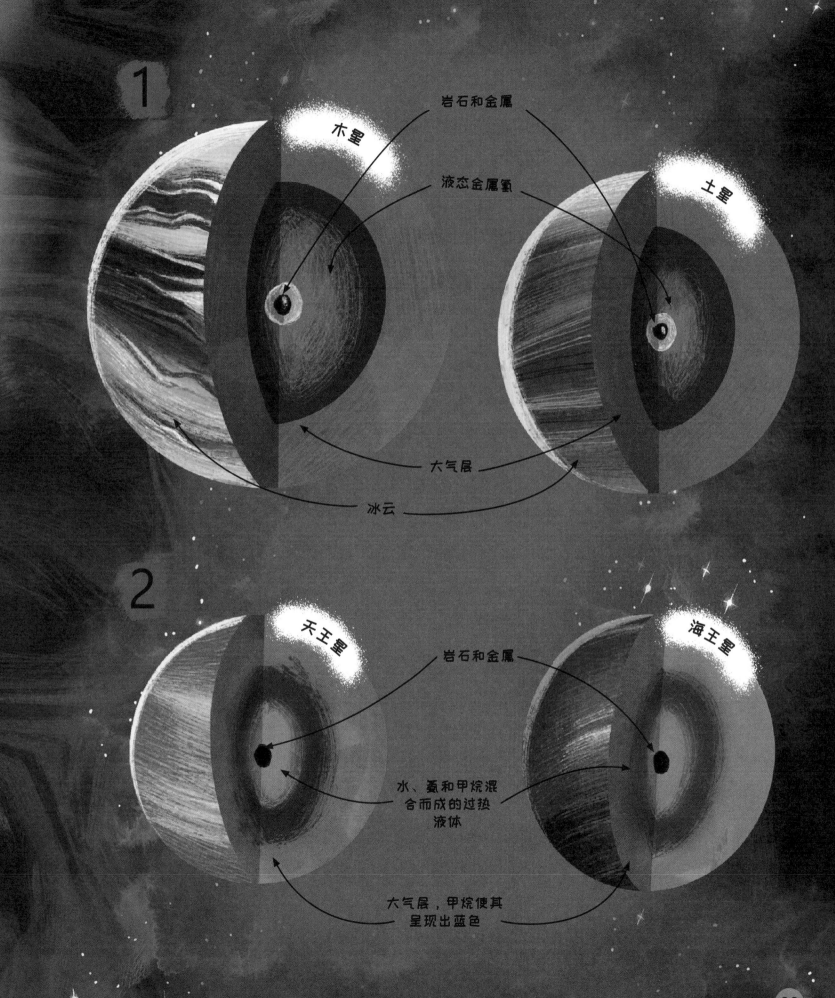

宇宙大混战

现在，我们得把太阳系弄乱点儿。现阶段，太阳系仍然是一个危险重重的地方。即使行星已经形成10亿年了，但它们的轨道上仍然充斥着乱飞、乱撞的太空岩石。

这让太阳系成了"枪林弹雨"的"战场"！

烹饪的这一阶段涉及一些大岩石与行星的碰撞，这种现象有时会给行星带来巨大的变化。

✦✦✦ 现在是轰炸时间 ✦✦✦

第1步："撞倒"天王星

天王星刚形成不久，一个质量至少是地球两倍的飞行天体一头将天王星"撞倒"了！

这次撞击使天王星的轴线几乎倾斜了90度。因此，其他行星都在各自的轨道上"站着"绕太阳旋转，唯有天王星"躺着"绕太阳旋转。

第2步：制作一些环形坑

我们还要在岩质行星和卫星表面做出一些碗状的疤痕或环形坑作为装饰。在小行星和其他物质撞击行星后，行星表面就会形成这些坑坑洼洼的凹痕。

第3步：加水

冰态小行星和彗星是水的载体。在几十亿年前，很可能有大量的冰态小行星撞击了地球，为我们的星球"输送"了第一批水。

如今，地球表面70%的地方被海洋和湖泊覆盖。液态水对于地球上生命的诞生起着重要的作用。

由于水星等天体不会被风雨侵蚀，所以直到今天我们依然可以清晰地看到它们的表面布满了撞击坑。

撞出一个月球

在整个太阳系烹饪指南中，地球和
月球是一对非常特别的伙伴。

✳ ✳ ✳ 为特殊伙伴独家定制的配方 ✳ ✳ ✳

第1步：等待合适的时机

在太阳成为一颗炽热的恒星之后，行星也开始形成。不过，我们还得再等上1.5亿年左右，地球才能获得月球这颗卫星。

第2步：准备——大碰撞

月球很可能是在太阳系内早期的猛烈撞击中诞生的。在烹饪的这一步中，一个火星大小的物体以极快的速度冲进内太阳系。

它与地球相撞，将大块的地壳撞飞，由于撞击太过于猛烈，这些物质进入太空中。在引力的作用下，被撞飞的物质聚集在一起，逐渐形成一个球形的天体，最终成为月球。

这也是地球与月球的成分非常相似的原因。

第3步：调整大小、形状，建立一段完美、平衡的关系

月球的直径是地球直径的1/4。相较于地球这颗主行星，月球的体积非常大。太阳系中没有其他哪颗卫星与其环绕的行星的体积比能如此大。

月球绕地球运行1周的时间约为27个地球日；同时，地球与月球共同围绕太阳旋转。一直以来，月球的引力使地球上的海水有涨有落，形成"潮汐"。

1

等待1.5亿年

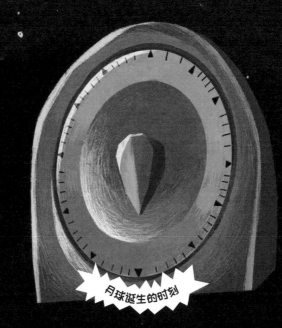

月球诞生的时刻

2

轨道中的碎片

月球形成

碰撞

3

潮汐引力

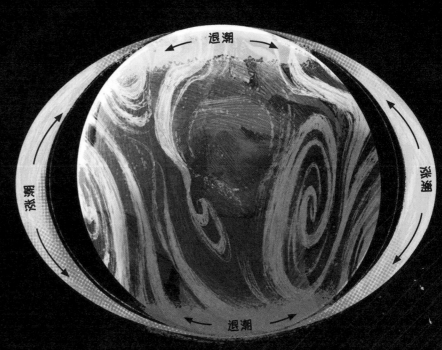

退潮

涨潮

聚散

退潮

制作大量卫星

除了制作行星以外，太阳系烹饪指南还有一个重要的部分，就是教我们如何制作大量卫星。除了地球有一颗卫星——月球之外，我们的太阳系中至少还有200颗卫星。

这些卫星有时也被称为"天然卫星"，它们形形色色、千姿百态、大小不一。有的卫星甚至有大气层或海洋！

✳ ✳ ✳ 制作形形色色的卫星的原料 ✳ ✳ ✳

气体和尘埃：

我们在前文了解到，地球的卫星，即月球，是在一次猛烈的碰撞中形成的。然而，大多数其他卫星是由其行星自身形成时周围环绕的气体和尘埃组成的。

"偷"来的卫星：

一些在其他地方形成的"无主"卫星，一旦靠近气态巨行星，就会被它强大的引力捕获。

内行星的卫星：

现已知在内太阳系的岩质行星（或类地行星）中，水星和金星没有卫星。除了地球有一颗卫星外，火星还有两颗平均直径不到10千米的小卫星，分别叫"火卫一"和"火卫二"。

外行星的卫星：

木星有79颗已知的卫星，其中一些卫星具有神奇的特征。

木卫一上有许多座活火山；科学家认为木卫二的地表下有广阔的咸水海洋；木卫三是太阳系中最大的卫星，它的直径比水星的直径还要大。

土星有82颗已知的卫星，体积小的卫星只有足球场大小，体积大的则有水星那么大。土卫二上有冰火山；土星最大的卫星——土卫六有厚厚的大气层，还有由液态甲烷形成的黏稠湖泊。

天王星有27颗已知的卫星。海王星有14颗已知的卫星，其中海卫一的表面为液态氮。

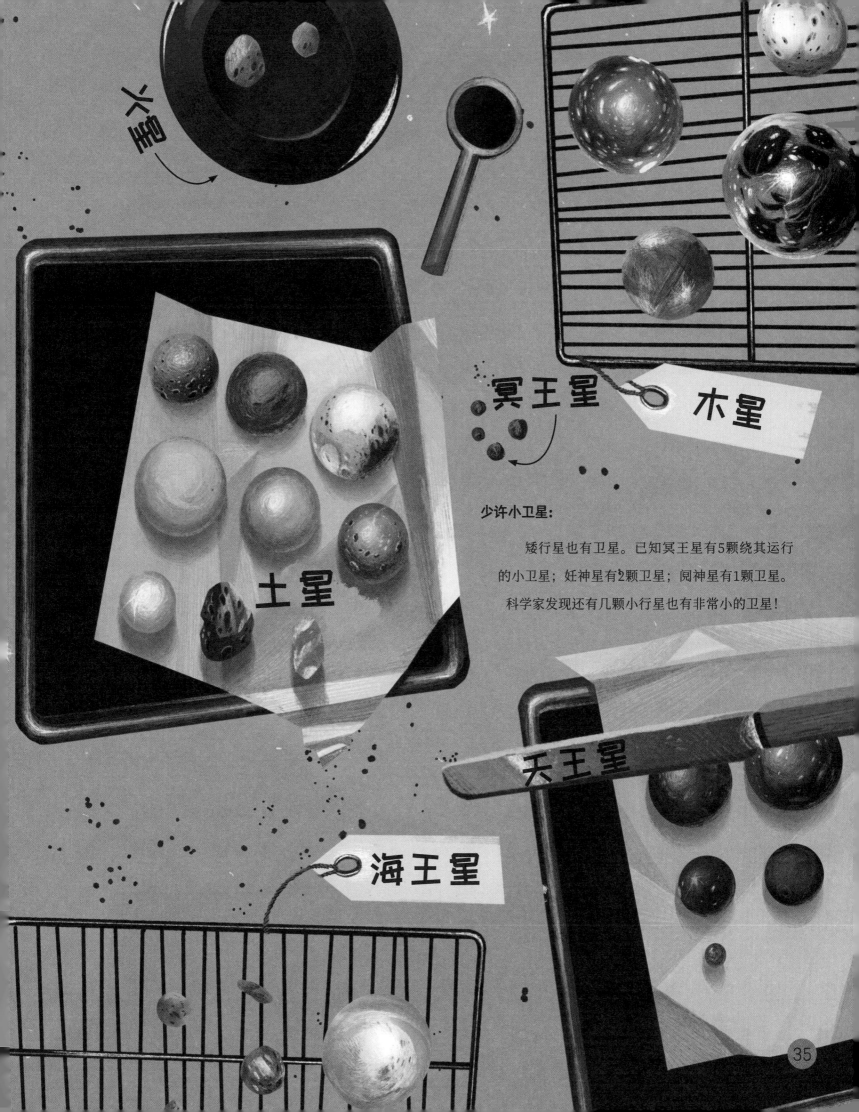

火星

冥王星

木星

土星

天王星

海王星

少许小卫星：

　　矮行星也有卫星。已知冥王星有5颗绕其运行

的小卫星；妊神星有2颗卫星；阋神星有1颗卫星。

科学家发现还有几颗小行星也有非常小的卫星！

装点行星周围

接下来，我们再装点一下行星的周围。让我们发挥创意，制作行星的星环！木星、土星、天王星和海王星这4颗气态巨行星都有光环。制作光环的步骤及小窍门如下。

✳ ✳ ✳　给行星添加星环　✳ ✳ ✳

第1步：先制作最大、最漂亮的星环

　　土星有12圈美丽、明亮的星环，这些星环由几十亿块冰和岩石组成。土星环是太阳系中最壮丽的星环。

　　土星环有27.36万千米宽，却只有10米厚。如果把土星想象成一个篮球大小的球体，那么土星环比人们的头发丝还要细得多！

土星环

第2步：再制作其他的星环

　　木星有4个星环，主要由尘埃组成，看起来暗淡、模糊。

　　海王星有6个星环，也由暗淡的尘埃组成。

　　天王星有13个星环，这些星环由一颗破碎的卫星组成，形成了一个围绕行星的粒子群。

　　太阳系中的其他小天体也可能有薄薄的、暗淡的星环。不同大小的小行星之间发生碰撞，破碎的、体积较小的岩石残余物会围绕幸存的、体积较大的小行星旋转，最终成为星环。

1

✴ ✴ ✴ 制作星环的小窍门 ✴ ✴ ✴

方案1

一些可以用来组成行星的尘埃和气体离行星内核太远了，行星的引力无法让它们收缩、聚拢，因此这些物质就形成了星环。

方案2

一些气态巨行星的卫星离行星太近了，卫星被拥有强大引力的行星砸得粉碎，散落的碎片形成了星环。

木星环

海王星环

天王星环

冷却

正如蛋糕从烤箱里拿出来后会慢慢冷却，刚完成"烹饪"时，岩质行星的温度很高，在几十亿年后，它们已经冷却了下来。我们的太阳系很快就能制作完成，但我们还要再对行星和卫星稍做调整。当它们都冷却下来时，会发生一些有趣的事情。

▼▼▼ 请按以下步骤操作 ▼▼▼

第1步：稍稍冷却，引起火山喷发！

❋ 当行星或卫星的内部冷却下来时，火山就形成了。火山是行星或卫星表层（地壳）的一个缺口，熔融的岩石（岩浆）能通过这个缺口喷发出来，一些气体也随之被喷射到大气层。

❋ 喷出地表的岩浆叫作"熔岩"。

❋ 熔岩在流动的过程中冷却凝固，从而改变了岩石表面的形状。

第2步：继续冷却凝固

❋ 一旦表层地壳下的分层结构的温度大幅度降低，岩浆就会凝固，行星上的火山也就不再喷发了。

❋ 月球上的火山上一次爆发也许是在将近1亿年前，当时恐龙正在地球上漫步！

❋ 火星上有一座雄伟的高山，叫作"奥林匹斯山"，它是太阳系中已知的最高的火山，只是如今已不再活跃。奥林匹斯山海拔约22千米，几乎是地球最高峰——珠穆朗玛峰的3倍高。

❋ 金星表面存在1700多座死火山的痕迹。规模巨大的熔岩流蜿蜒覆盖在金星表面，这些火山在几亿年前才停止喷发。

第3步：保持熔岩流动

像地球这样的大行星内部温度仍然很高，所以太阳系中至今仍然有活火山。

今天，太阳系中火山活动最活跃的天体是木星的卫星——木卫一，它能喷发出高达几百千米的岩浆和气体。木卫一的表面布满了火山和熔岩流，这让它看起来像一块比萨！

1

火山喷发

2

奥林匹斯山

金星上的火山

3

保持地球上的熔岩流动

岩质行星的体积越大，冷却速度就越慢。
这和一大杯热水比一小杯热水凉得更慢是
同一个道理。

最后摇一摇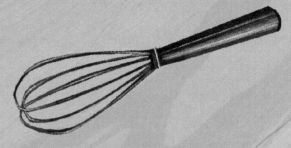

　　地震、摇晃和微震也会塑造出岩质行星地表的一些特征。地球上每年都会发生几百万次地震，幸好大多数地震的强度都十分轻微，我们几乎感觉不到。

✳ ✳ ✳　地球地震的制作方法　✳ ✳ ✳

第1步：设置板块

　　根据科学家当前的研究成果，地球的表层被分成几个板块，这在太阳系的八大行星中是独一无二的。移动这些板块，当它们汇聚、分裂或彼此交错时，就会发生地震。

第2步：在地球上创造出新地貌

✳ **海沟**：当地球上的两个板块发生碰撞，其中一个板块向另一个板块下方移动时，就会形成深深的海沟。

✳ **岛屿和山脉**：当板块汇聚，相互挤压，就会形成火山岛或山脉。

✳ **新地壳**：如果板块分离，岩浆会从地球深处上升，并通过地壳的缝隙喷发出来，形成新的地壳层。

1

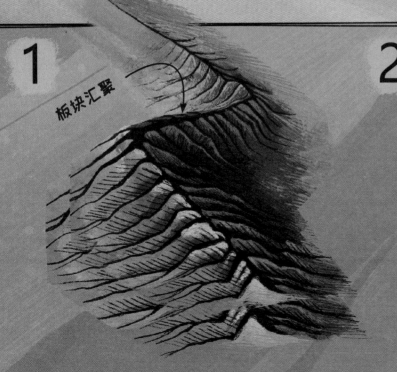

板块汇聚

2

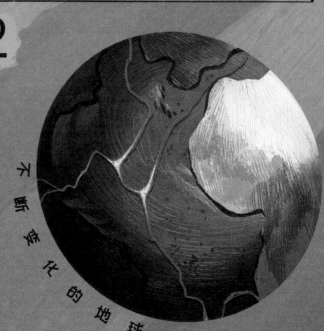

不断变化的地球

✳✳✳ 太阳系其他天体地震的制作方法 ✳✳✳

虽然其他岩质行星上没有板块运动，但也会发生地震。

第1步：给水星捏出"褶皱"

水星一直在轻微地"缩水"，因此水星表层的地壳皱缩，看起来像一颗皱巴巴的葡萄干。这种皱缩使得岩石相互挤压并隆起。

第2步：设置月球的极限温差

月球上也会发生地震，其中的一些地震是由月球上极大的昼夜温差造成的。冷热交替使得岩石一会儿膨胀，一会儿收缩。

第3步：火星和火卫一之间的"拉锯战"

火星上的航天器已经探测到数百次地震，其中的一些地震是由火卫一的引力造成的。火星地震的强度介于地球地震的强度和月球地震的强度之间。

1 皱巴巴的水星

2 不断变化的月球

火星 VS 火卫一

3

了解太阳系烹饪指南的更多内容

太阳系烹饪指南到此就告一段落了。我们按照烹饪指南一步一步地操作，历时几十亿年，制作出了一个包含行星、卫星、小行星、彗星和矮行星的神奇星系。

我们的恒星——太阳，位于太阳系的中心，在它巨大的引力作用下，太阳系中所有天体都在各自的轨道上有序地运行着。

然而，据我们所知，银河系中有近5000颗其他行星围绕其他恒星运行着，也许还有数十亿颗行星等待着我们去发现！

太阳系以外的行星叫作"系外行星"。有些系外行星非常独特，与太阳系中的任何一颗行星都不同。我们需要按照不同的烹饪方法来制作它们。

近距离的气态行星

质量只有木星一半的系外气态行星围绕着它们的恒星运行，它们与恒星的距离就和水星与太阳的距离一样近。（在太阳系的烹饪指南中，气态巨行星处于远离太阳的外太阳系。）

烹饪超级地球

有些恒星有岩质系外行星，这些行星堪称"超级地球"，它们的质量是地球质量的40倍左右，直径几乎和海王星的一样大。

钻石内核

有的系外行星是由在3000℃的高温下挤压大量碳元素形成的，它们的内核可能是钻石（钻石是碳元素在高温、高压条件下形成的晶体）。

黑漆漆的星球

还有一些系外行星的构成物质比地球上最黑的煤炭还要黑。

太阳系烘焙大挑战！
行星糖霜饼干

最后附上两个太空主题的烘焙小妙方，请小朋友在成年人的陪同下
尝试。通过这种有趣的方式，你也能享用太阳系主题美食！

温馨提示：请务必在成年人的许可和监督下操作。
如果你对这些原料过敏，请勿处理和使用它们。

1

℃
50
250
100
200   150

2

3
糖

4

5
盐   面粉

6

行星糖霜饼干的制作方法

✳ ✳ ✳   行星糖霜饼干的制作方法   ✳ ✳ ✳

原料

✳ 100克黄油

✳ 100克金砂糖

✳ 1个鸡蛋，把它轻轻搅拌均匀

✳ 1茶匙香草精

✳ 280克普通面粉

✳ 250克糖霜

✳ 各种颜色的食用色素：红色、蓝色、绿色、黄色、橙色、黑色、棕色（也可以用焦糖代替棕色食用色素）

制作方法

1.将烤箱加热至190℃（或风炉170℃、燃气5档）。

2.在烤盘中铺上烘焙纸。

3.将黄油和糖放入一个大碗中，搅拌至混合物颜色变浅、形态变蓬松。

4.慢慢向碗中加入鸡蛋液和香草精，搅拌均匀。

5.向碗中加入面粉，与以上食材一起搅拌，使其形成面团。

6.在案板上撒少许面粉，将面团擀到大约3毫米厚。

7.使用不同尺寸的圆形饼干模具在面团上压切出3～8厘米宽的饼干（代表不同的行星）。

8.将饼干放在烤盘内，烤制10～12分钟，烤至饼干呈浅金黄色。

9.让饼干在烤盘内静置5分钟，然后取出，放到架子上冷却。

10.将糖霜与1汤匙水混合，分装到几个小碗中，加入食用色素，制作成可以涂抹在不同"行星"上的糖霜：

✳ 淡蓝色用来装饰"天王星"；

✳ 蓝色、绿色和棕色用来装饰"地球"；

✳ 橙色用来装饰"金星"；

✳ 红色用来装饰"火星"；

✳ 红色、棕色和白色用来装饰"木星"。

尽情地享用行星糖霜饼干吧！

月岩巧克力

✳ ✳ ✳ 　月岩巧克力的做法　 ✳ ✳ ✳

原料

✳　400克牛奶巧克力，切碎（或直接使用巧

克力豆、巧克力碎）

✳　375克原味爆米花

✳　60克小棉花糖，对半切开

✳　65克无盐烤花生（选用）

✳　彩色糖屑若干

制作方法

1.在托盘上放上迷你甜品杯。

2.将200克巧克力放入微波炉碗或双层锅中慢慢加热至熔化，加热过程中要不停地搅动。当容器中大约3/4的巧克力熔化即可停止加热，别把巧克力煮糊了！

3.将熔化的巧克力与爆米花、棉花糖、剩余的未熔化的巧克力块和花生（选用）混合并搅拌均匀。

4.用勺子把混合物舀到甜品杯里。

5.撒上五颜六色的糖屑作为点缀（还可以撒一些糖霜作为"月尘"）。

6.将混合物静置于室温下。

当它们冷却凝固后，

你就可以尽情地享用月岩巧克力啦！

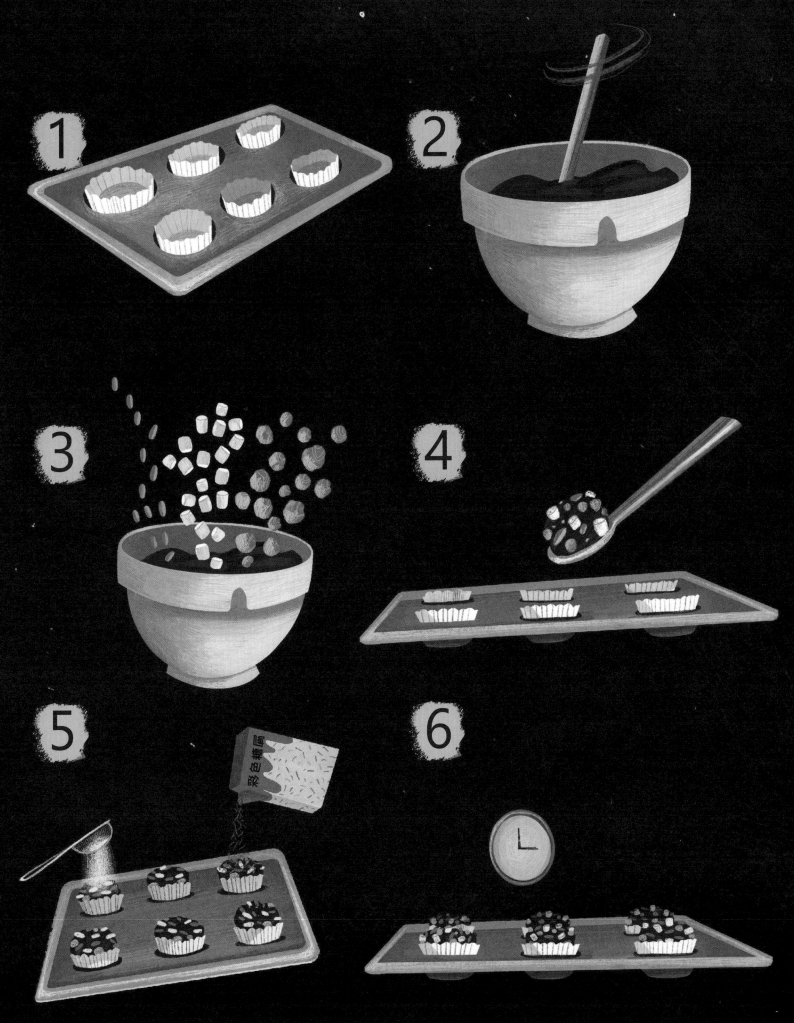

温馨提示：请务必在成年人的许可和监督下操作。
如果你对这些原料过敏，请勿处理和使用它们。

出版团队

出 品 方： 斯坦威图书

出 品 人： 申 明

出版总监： 李佳铌

产品经理： 韩依格

责任编辑： 马妍吉

助理编辑： 刘予盈 魏 笑

封面设计： 高怀新

排 版： 东合社

发行统筹： 贾 兰 阳秋利

市场营销： 王长红

行政主管： 张 月

翻译统筹： 话语桥 Lan-bridge

图片版权说明